AF649245

Der
Südliche und Mittlere Ural

von

Max Friederichsen.

Mit 23 Original-Abbildungen auf 14 Tafeln.

Separatabdruck aus den Mittheilungen der Geographischen Gesellschaft
in Hamburg, Band XIV.

Alle Rechte vorbehalten.

HAMBURG:
L. Friederichsen & Co.
1898.

Separatabdruck aus den Mittheilungen der Geographischen Gesellschaft in Hamburg, Bd. XIV.

Der südliche und mittlere Ural*).

Von

Max Friederichsen

(Mit 23 Original-Abbildungen).

In den Tagen vom 29. August bis 5. September 1897 tagte in St. Petersburg der Siebente Internationale Geologenkongress. In der Zahl wissenschaftlicher Kongresse wird er sowohl durch den Nutzen seiner Verhandlungen, als besonders durch eine Reihe gross angelegter und vorzüglich vorbereiteter geologischer Exkursionen einen Ehrenplatz einnehmen. Ural, Kaukasus, Armenien, Finland und Esthland waren Ziele dieser umfangreichen Reisen.

Die erste derselben galt dem Ural. Sie wurde vor der eigentlichen Tagung, in der Zeit vom 30. Juli bis zum 28. August ausgeführt. Die Russische Regierung sorgte in liberalster Weise für freie und zweckentsprechende Bahnbeförderung aller Theilnehmer; die wissenschaftliche Führung übernahmen in liebenswürdiger Bereitwilligkeit diejenigen russischen Geologen, deren specielles Arbeitsgebiet der Ural bildet, vor allem die Herren Professoren *Karpínsky* und *Tschernyschéw* (gesprochen: Tschernischów). In den Bergwerksdistrikten erfreuten wir uns in gleicher Weise der Gastfreundschaft und wissenschaftlichen Führung seitens der Minendirektoren und der Herren Bergingenieure.

*) Man vergleiche zur Orientirung Blatt 48 in Stieler's Handatlas: »Der Süd-Ural«.

Unter weit ungünstigeren Bedingungen, ohne die Möglichkeit der Eisenbahnbeförderung, besuchten im Anfang dieses Jahrhunderts (1829) *v. Humboldt, Rose* und *Ehrenberg* den Ural. Zeit und Verkehrsmittel haben sich geändert, Gastfreundschaft und Schätzung wissenschaftlicher Arbeit ist in Russland dieselbe geblieben.

»Wir haben die Reise unter den günstigsten Verhältnissen gemacht, unter denen man so grosse Länderstrecken durchwandern kann. Ueberall war für ein möglichst schnelles Fortkommen auf das Zweckmässigste gesorgt; auf allen Berg- und Hüttenwerken wurden wir erwartet, gleich nach unserer Ankunft mit allem Sehenswerthen bekannt gemacht und auf den Exkursionen von den Beamten der Werke auf das Gefälligste begleitet«. So schreibt *Rose* in der Einleitung seines Reiseberichtes. Heute werden die Theilnehmer an der Uralreise des VII. Internationalen Geologentages kaum mit besseren Worten ihren aufrichtigen Dank an die Kaiserliche Regierung und Russlands Geologen abstatten können.

Unser Aufenthalt im Ural währte 3 Wochen. Nur oben erwähnter Gunst der Umstände ist es zu danken, dass die kurze Spanne Zeit genügte um einen Einblick zu thun in den geographischen und geologischen Aufbau des Gebirges und eine persönliche Anschauung zu gewinnen von der Bedeutung seines Bergbaus. Unter Führung Sachverständiger durch schwer zugängliche Gebiete geleitet, wurden mühelos die Früchte wissenschaftlicher Forschung geerntet, zu deren Reifen fast ein Jahrhundert nöthig war[1]).

Wer Russland zu bereisen gedenkt, weiss, dass er sich einem Theile Europas nähert, in welchem die Landesnatur vorwiegend vom Charakter der Ebene beherrscht wird. Er ist von Kindheit auf gewohnt, mit dem Begriff »Russland« die Vorstellung absoluten Flachlandes innig zu verknüpfen und daher auch nicht erstaunt, wenn relative Einförmigkeit der Gegend ihn auf seinem Reisewege umgiebt. Mancher verlässt den Boden des weiten Zarenreiches, ohne etwas

[1]) Die Schreibung der geographischen Namen gründet sich im Folgenden auf die Angaben der *Strelbitzki*'schen General-Karte des Russischen Reiches im Maassstabe von 1 : 420 000 (Section 126—130 und 137—141). Bei der Transscription wurden nur deutsche Laute und Buchstaben verwendet, keine französischen, wie etwa ou statt u.

Es wurde gesetzt:

в = w, з = s, с = ss, ц = z, ч = tsch, ш = sch, ж = sh, щ = schtsch,
ы = y, ѣ = je, я = ja, ю = ju, ай etc. = ai etc., ё = jo.

Wo ich der russischen Betonung sicher zu sein glaubte, wurde ein Accent auf die betreffende Silbe gesetzt.

anderes gesehen zu haben, als im besten Falle den bis 350 m sanft ansteigenden Hügelkomplex der Waldaihöhen oder die, durch innere Struktur leicht undulirte Landschaft des Dónjetz-Beckens, das »Bergufer« von Russlands Riesenstrom oder die Erosionslandschaft seiner Zuflüsse. Er nimmt in sein vielleicht kleineres, aber viel abwechselungsreicheres Vaterland den Eindruck lähmender Langerweile und Eintönigkeit des Landschaftsbildes, die ungestillte Sehnsucht nach einem Gebirge, nach einem Wasserfall, nach einer Unterbrechung der endlosen Fläche mit sich. Nur wer bis an die Grenzen des Europäischen Russland, zum Schwesterkontinente Asien vordringt, nur wer die grösstmögliche Ost-West- oder die ganze Nord-Süd-Erstreckung des Riesenreiches durchmisst, wird für seine Ausdauer belohnt durch den Anblick zweier Gebirgszüge, grundverschieden in jeglicher Beziehung und doch gleich werthvoll für den europäischen Theil des Kaiserreichs, dessen Süd- und Ost-Grenze sie verriegeln.

Ural und Kaukasus sind diese Wächter am Uebergang nach Asien.

Der Ural ist ein mächtiges Meridionalgebirge, von seiner Fortsetzung auf Nówaja Semljá bis zu seinen südlichen Ausläufern in den Mugodscharen 3300 km lang, das würde sagen, vom Nord-Kap bis Konstantinopel reichend. Spuren ehrwürdigen geologischen Alters zeigt er auf Schritt und Tritt. Seine Gebirgszüge sind niedrig, sanft in ihren Konturen. Seine Gewässer fliessen ruhig, in breiten Thälern. Kein übermüthig schäumender Bergstrom überwindet als stürzender Wasserfall die Unebenheiten eines noch unfertigen Flussbettes. Im Kampf mit der Unbill der Witterung, überwunden von der zersetzenden, langsam, aber vernichtend wirkenden Kraft der Atmosphärilien sind selbst seine höchsten Erhebungen nur noch ein Rest einstiger Grösse. Trümmerfelder und wirr durch einander gestürzte Blockmassen bedecken seinen Kamm. Seinen Fuss umhüllt der Verwitterungsgrus seiner Flanken.

Ganz anders der Kaukasus! Die Züge seines Antlitzes entbehren nicht der jugendlichen Schönheit. In stolzen, alpinen Formen steigt er Tausende von Metern empor; die geringere horizontale Erstreckung, in vorherrschend NW—SO-Richtung, ersetzt er durch imposanten vertikalen Aufbau. Seinen Flüssen haftet nicht der schleichende Gang des Alters an; sie haben noch jugendliche Spannkraft im Ansturm Hindernisse zu überwinden, in reissendem Lauf malerische Schluchten zu schaffen und hüpfenden Ganges Felsriegel als Wasserfall zu überspringen. Noch in geologisch nicht ferner Zeit kündigte das Beben seiner Flanken das Werden der Vulkanriesen des Elbrus

(5643 m) und des Kasbek (5044 m) an, Reaktionen des Erdinnern, von denen der »greise« Ural nur in ferner Jugend wusste. Die Reste verfolgter Stämme nahm er schützend auf, wurde ihnen zur zweiten Heimath und beherbergte im Laufe der Geschichte ein Völkermosaik, wie es einzig in der Welt auf so kleinem Raume dasteht. Dass sich europäische Kultur erst spät und langsamer des Kaukasus bemächtigte, kann wunderbar nicht sein. Ihm fehlt der lockende Reichthum an Erzen. Seine mineralischen Schätze: die Quellen des Erdöls, liegen leicht erreichbar an seinem Fuss. Westeuropäische Kultur nahte sich dem Innern des Gebirges erst in unserem Jahrhundert, und noch lange wird es dauern, bis das Gebirge im Süden des Europäischen Russland ein ähnlicher Vorposten westlicher Kultur geworden ist, wie das Erzgebirge an seiner Ost-Mark.

Der Ural, d. h. turko-kirgisisch: Felsengürtel, ist eine meridionale Runzelung der Erdoberfläche von bedeutender Länge. Was die ostwestlich ziehenden Gebirgssysteme Europas beim Aufstieg in grössere Höhen charakterisirt: Veränderung in Klima und Vegetation, zeigt der niedrige, aber lange Ural in gleicher Weise bei einer Wanderung am Fuss.

Von Nówaja Selmjá und den Küsten des Eismeeres, aus den Regionen der Tundra und des gefrorenen sibirischen Bodens, bis in die Nähe der Küsten des Aral-Sees und des Kaspischen Meeres, bis in die sonnverbrannte Kirgisensteppe zieht an dem Wanderer, der seinen Ketten folgt, ein langsam aber stetig sich änderndes Bild vorüber.

Nord und Süd, Tundra und Steppe sind menschlicher Kultur feindlich, die Mitte, Wald und Erzreichthum, fesseln seine Thatkraft.

Eine Eintheilung in Nördlichen, Mittleren und Südlichen Ural kann als naturgemäss und somit als begründet angesehen werden.

Die höchsten, schneebedeckten Berge des ganzen Zuges (Töll-pos-is 1656 m; 64°), rauhes polares Klima, undurchdringliche Sümpfe und Urwälder, Mangel an Ackerbau und Kultur charakterisiren nach *Helmersen* den nördlichen Ural. Von Nebel und Wolken umhüllt ziehen seine Bergmassen in scharfer Umbiegung nach NW über Waigatsch nach Nówaja Semljá und gehen, im Süden mit Wald bedeckt, im Meridian des Ortes Bogoslówsk (etwa 60°) in den mittleren, erzreichen Ural über.

Seitdem die Grundzüge dieses rauhen Nordens durch *Schrenck* 1837, *Kowálsskij* und *Hofmann* in den fünfziger Jahren unseres Jahrhunderts enthüllt wurden, sind weitgehendere Untersuchungen in diesem Theile kaum mehr unternommen worden. Man begnügte sich den nordischen Nebelschleier gelüftet zu haben und wandte sich von diesem Stiefkind der Uralforschung mit ganzer Liebe dem seit Alters besonders bevorzugten mittleren, erzreichen (55½—60°) und dem neuerdings eifrig erforschten südlichen, waldreichen (55½—51° resp. bis 48°) Gebirgstheile zu.

Wie beim menschlichen Arm die vielfingerige Hand dem plumper gebauten Unterarm angefügt ist, so reiht sich das fein gegliederte Parallelkettensystem des Süd-Ural an die schmalen, einfacheren Züge des mittleren und nördlichen Gebirgstheiles an. Gleichsam an Stelle der Handwurzel erhebt sich als deutlich sichtbare Anschwellung der Jurma (1077 m). In seiner Nähe beginnt die Zerspaltung in zahlreiche Parallelzüge: bis etwa zum 54. Breitengrad in fast NO—SW-Richtung, von da im ganzen südlichen Theil (54—51°) in streng nord-südlicher Anordnung. Durch das bis 54° zu verfolgende Abschwenken aus der N—S- in die NO—SW-Richtung werden die südlich von 54° gelegenen Züge, parallel zum nördlichen und mittleren Ural, gen Westen verschoben. Die äusseren Ketten am Uebergang zum russischen Flachland sinken in ihrer Höhe unter 600 m, steigen aber gegen Mitte und Osten bis 800 m, 1000 m und mehr empor. Wichtigere Züge sind: Ssuléja, Ssúka, Sjurák-kul, Uwán, Sigalgá, Náry, Uréngа, Taganaí.

Durch grössere vertikale Erhebung fällt unter ihnen der T a g a n a í-U r e n g a - Z u g in's Auge. In südwestlicher Verlängerung seiner Achse stehen die grössten Höhen des südlichen Ural: der I r e m é l (1599 m) und der J a m a n - T a u (1646 m).

Nach den Höhenverhältnissen des im Mittel 1000 m erreichenden Zuges könnte man ihn für das Rückgrat des Gebirges halten. Und doch ist der westlich parallel und niedrigere, aber geologisch älter und längere U r a l - t a u von grösserer Bedeutung. Er ist wasserscheidend und trennt in seinem nördlichen Theil das Einzugsgebiet der Wolga von dem des Ob, die Zuflüsse des Kaspischen Meeres von denen des Eismeeres.

Ersteigen wir auf seinem Rücken die Quarzitpyramide der Alexandrówsskaja Ssópka (Alexander-Spitze) und halten Umschau über die Landschaft.

Langsam und allmählich, durch einen Birkenwald mit dichter Krautvegetation, erklimmt der Pfad die sanft geneigten Flanken des Ural-tau. Je höher man steigt, desto häufiger versperren Steine den Weg, bis die wirr und phantastisch durch einander gestürzten Quarzitquader der eigentlichen »Ssopka» vor uns liegen. Von Moospolstern und Vegetation überzogen, erschwert ein Steinmeer die Erreichung des Gipfels (cf. Abb. 1). Mühsam ist der Anstieg, ungemein lehrreich der Ausblick (cf. Abb. 2).

Gen Westen sehen wir unmittelbar zu unseren Füssen lang gestreckte Rücken, ein typisches Landschaftsbild für die niederen, 600—800 m hohen Uralzüge. Schöne schlank gewachsene Kiefern, Lärchen, und Birken in dichtem Bestand auf Berg und Thal! Wohin man sieht, Wald und wieder Wald! Ganz ähnlich kennen wir die Uralzüge von unserer Fahrt in den westlicheren Vorbergen der Ssúka und Sigalgá. Genau so schieben sie sich zwischen Juresán und Ssátkin kulissenartig vor den Horizont. Geschichtete Kalke des Unter-Devon unterbrechen dort mit blendendem Weiss das Grün des dichten Urwaldes, hier lugen spitzige Quarzite zwischen den Tannen hervor und hemmen am Horizont als geschlossener Wall den Ausblick gen Westen.

An den 3 Zinnen seines Hauptgipfels erkennen wir die Kette des Taganaí (cf. Abb. 3). Sein zackiger Kamm, die belebteren Konturen seines Rückens lassen errathen, was eine Besteigung erweist: harte devonische Quarzite ragen empor aus dem Schiefer seiner Gehänge. Wo dies Gestein im Kamm der Ural-Ketten ansteht, sind wild umrissene, malerisch gezackte, grotesk zerklüftete Felsgrate die Folge (cf. Abb. 4). Wären Quarzite nicht am Aufbau des Gebirges betheiligt, es würde durch die Formenarmuth der Waldrücken, durch das Fehlen jeglicher schneebedeckten Höhe eine erdrückende Eintönigkeit über dem Ural lagern. Der Quarzit bringt die ersehnte Abwechslung in's Bild. Härte und Widerstandsfähigkeit gegen chemische Zersetzung lassen ihn bestehen im Kampf mit den zerstörenden Gewalten der Witterung. Nur auf den in der Struktur des Gesteins vorhandenen Klüften dringen die Atmosphärilien ein und in seinem Marke angegriffen, zerklafft das Gestein in scharfkantige Blöcke. Wo der Fels zerfällt, bleibt er liegen, als unförmlicher Blockhaufen den Weg verbauend oder die Umgegend der Quarzitriffe in ein Steinmeer verwandelnd. (cf. Gipfel der Alex.-Spitze Abb. 1.)

Im Thalgrund, zu Füssen der Alexander-Spitze, zwischen Urénga-Taganaí und Ural-tau fliesst der Ai, wie die meisten Flüsse des südlichen Ural im Oberlauf in typischem Längsthal. Nahe Slatoúst staut ihn der Damm des Hüttenteiches zu künstlichem See, und trotz der beträchtlichen Höhe des lang vor ihm liegenden Urénga durchbricht er in rechtwinkliger Schwenkung malerisch den hohen Wall. In der Bresche liegt als einer der lieblichsten Orte der Gegend Slatoúst (= Goldmund, von russ. sóloto = Gold und usstá = Mund) (cf. Abb. 5). In ähnlich langem, meridionalen Lauf, nur in entgegengesetztem Sinne enteilt die Bjélaja der südlichen Fortsetzung des gleichen Längsthals. Wie eine Zange umfasst sie mit dem Ai das Parallelkettensystem des südlichen Ural.

Denselben Zwang übt die Parallelstruktur am Oberlauf fast aller anderen Flüsse aus, am Juresán, Ssátka, Ssim, Inser etc. Trägen, stromschnellenfreien Laufes, nicht selten Sümpfe bildend, schleichen ihre Wasser dahin, in weiten, ausgeebneten, geologisch alten Thalanlagen (cf. Abb. 6 und 7).

Einem grossen Riesenstrom, dem vielbesungenen »Mütterchen Wolga« (russ. »Mátuschka Wolga«) ist der gesammte Wasserabfluss des westlichen, europäischen Gebirgshanges tributär. Um ihr zu dienen, verlassen die Uralflüsse ihr Bett im Längsthal und durchbrechen in scharfer Umbiegung gen Westen die meridionalen Züge. Wie diese Durchbrüche entstanden, ob durch Ausfluss eines von aufsteigendem Gebirge abgedämmten Thalbeckens oder durch hartnäckiges Zersägen einer sich langsam neu thürmenden Gebirgsfalte, muss Untersuchung im einzelnen Fall entscheiden.

Nördlich des Jurma beginnt der mittlere Ural (bis 61° nördlicher Breite). An die Stelle wechselvoller Zerspaltung in zahlreiche flache Rücken tritt engerer Zusammenschluss zu einheitlicherem, im Westen von Hochflächen begleiteten Kamm. In der Gegend von Jekátherinburg lockert sich der Gebirgs-Zusammenhang durch jene tiefe Einsattelung, welche seit Alters als wichtige Eingangspforte nach Asien galt. Die Erniedrigung des Kammes an dieser Stelle auf 250—300 Meter ist bekannt genug, nicht minder das absolute Verschwinden jedes Gebirgseindrucks sowie die Möglichkeit unmerklicher Ueberschreitung der Gebirgsachse seitens des Reisenden. In der That zeigt ein Blick von den »Kamény Palátki« (russisch = Steinzelt) nahe Jekátherinburg ein in völlige, dicht bewaldete Ebene metamorphisirtes Gebirge. Die Entwässerung dieses Gebirgstheiles geschieht durch die Tschussowája zur Kama und Wolga und durch die Ufa zur Bjélaja und Kama.

Ein vom Westen gänzlich verschiedenes Bild zeigt der östliche Ural-Hang. Die auf der europäischen Seite durch das Verschwinden der Parallelketten deutlich sichtbare Grenze zwischen dem südlichen und mittleren Theile, verwischt sich im Osten. Der morphologische Charakter bleibt im Meridian von Slatoúst (ca. 55°) nahezu dem bei Bogoslówsk (60°) gleich. Er rechtfertigt zusammenhängende Betrachtung des ganzen Ost-Abhanges im mittleren und südlichen Gebirgstheil.

Dem stufenweisen Erheben aus der Region flacher Hügelreihen im südlichen Theil, dem sanften Anstieg auf plateauartigen Verflächungen in der Mitte, steht ein unvermittelt plötzlicher Abfall am ganzen Ost-Hang gegenüber. Nur von der asiatischen Seite erscheint dem Nahenden der Ural als Gebirge. Unmerkliche Andeutungen meridionaler Falten, sanfte, schwache Bodenschwellen mildern diesen plötzlichen Uebergang zur absoluten Ebene. Nur das mineralienreiche Ilméngebirge überragt markanter diesen flächenhaften Ost-Hang des Ural. Parallel dem Ural-tau und ohne Verbindung mit dem Jurma hat das Ilméngebirge als letzter Rest der hier einst alpenhoch ragenden, vom vordringenden Tertiärmeer eingeebneten Gebirgsachse des geologisch ältesten Ural, Kraft genug, den Fluss Mijass in ein dem europäischen West-Hang ähnliches Längsthal zu zwingen. Sobald seine Höhen sich sanft im Norden neigen, rinnt, nunmehr ungefesselt, der Mijass scharf umbiegend, im Querthal dem Toból (Zufluss des Ob) zu. Wasserscheidend ist hier also die alte Gebirgsachse nicht, ebenso wenig wie in den nördlich fortsetzenden, mit dem niedrigen Ssúgomak bei Kyschtym beginnenden Hügelreihen. Die alte Achse übernimmt diese Rolle erst in der südlichen Verlängerung der Ilménberge. Hier zieht sie, als vertikal nur in den Mugodscharen deutlicher sichtbare Bodenschwelle, wasserscheidend bis in die Kirgisensteppe hinab und leitet den Uralfluss (früher »Jaik« genannt) der Wolga zu. Schiede nicht der 860 m hohe Uitasch die Quelle des Ural von der des Mijass, letzterer würde nicht um das Nord-Ende des Ilméngebirges zum Toból, sondern um das Süd-Ende der parallelen Uralketten zur Wolga rinnen.

Im Osten dieser Wasserscheide, am ganzen Ural-Hang nördlich der Mijass-Quelle, ist sonst ohne Ausnahme das Querthal Regel. Direkt der Neigung des flächenhaften Hanges folgend, fliessen Ssinara, Isset, Pyschma, Neïba, Tagil, Tura und Ssóssjba in typischen Querthälern dem Toból zu.

Die eigentümlichen Unterschiede des asiatischen Ost- und des europäischen West-Abhanges wären lückenhaft charakterisirt, wollte man den Seenreichthum der asiatischen Abdachung unerwähnt lassen. Was die waldreiche europäische Seite entbehrt, gewährt die einförmig, flache, von dünner Steppenvegetation und dichtem Nadelwald abwechselnd bedeckte sibirische Seite (cf. Abb. 8). Im Westen hatten von Menschenhand nahe den Hüttenwerken gestaute Seen den schmerzlich empfundenen Mangel an stehenden Gewässern unvollkommen ersetzt, hier in Sibirien sucht die Natur reichlich den Ausfall zu decken und die Formenarmuth der Landschaft durch zahllose, spiegelnde Seen zu beleben. In langer Reihe sind die flachufrigen Becken (cf. Abb. 9) in den Boden eingesenkt und nahe dem Ost-Abfall des Gebirges in Richtung und Tiefe durch die innere Struktur des Untergrundes bedingt; dagegen sind sie weiter entfernt, im Gebiet des Tertiär, flacher und unregelmässig gruppirt, stellenweise abflusslos und brackig, nicht selten zu Morästen ausgetrocknet.

Ueberall in der modernen Naturwissenschaft ist der Wunsch nach Erkenntniss der Genesis, die Frage nach der Entstehungsursache, Richtschnur der Forschung. Sie hat in der Geographie zu innigem Anschluss an die Schwesterwissenschaft Geologie geführt. Auch das Verständniss für den Ural wird sich vertiefen, wenn wir mit ihrer Hülfe in der Chronik seiner Geschichte blättern, wenn wir zu erkennen streben, wie die charakteristischen Züge seiner Oberfläche mit dem inneren geologischen Aufbau ursächlich zusammenhängen.

Der Ural ist nach Allem, was wir von seiner Geologie wissen, ein typisches Faltengebirge. Im Süden, an seiner europäischen Westseite, sind diese Falten zahlreich. In ihrer zonalen Anordnung aus verschieden altrigem und verschieden angreifbarem Material, liegt der Grund für den Wechsel der landschaftlichen Scenerie [1]. In ganzer Erstreckung des Gebirges baut sich dieser West-Hang auf aus den Niederschlägen carbonischer und devonischer Meere. Bei Annäherung an den Ost-Abfall scheint die ursprüngliche Sedimentnatur der Mergel, Thonschiefer und Sandsteine dieser Meere übergehen in krystalline Schiefer und Quarzite. Neuere russische Untersuchungen dürften ergeben haben, dass diese Chlorit- und Glimmerschiefer, welche wir im Kern unserer Alpen als älteste archäische Bildungen der Erdkruste anzusehen gewohnt sind, in der That dem Devon angehören. Solche Veränderung regulärer Sedimente zu Schiefern, zusammengehalten mit der im mittleren Ural [2]) erwiesenen Umwandlung pflanzenführender Steinkohle in Graphit, verglichen mit den im südlichen Ural nicht seltenen Ueberschiebungen und Ueberfaltungen, vermitteln eine Vorstellung von der Intensität der seitlichen Druckkraft, welche das Gebirge schuf. An der Seite des Kraftansatzes, am westlichen Innenrand der gen Westen aufgestauten Falten, finden sich im Ural, wie in den meisten echten Falten-

---

[1]) cf. vorher die Schilderung der niedrigen Waldzüge und der höheren Quarzitrücken.

[2]) Zwischen 56° und 58° nördlicher Breite cf. Sues, Antlitz der Erde, I, 1885, p. 641 ff.

gebirgen, Eruptivgesteine. Ihr Vorherrschen, sowie die vom Tertiärmeer oberflächlich völlig eingeebnete Faltung, scheidet in geologischer Beziehung Ost- und West-Hang ebenso scharf, wie der morphologische Charakter seiner Landschaft sie uns in orographischer Hinsicht trennen hiess. In beiderlei Hinsicht haben wir es mit einem heteromorphen Faltungsgebirge zu thun, verschieden auf beiden Seiten seiner Längsachse.

Zu allen Zeiten der Erdgeschichte ist das russische Flachland ein verhältnissmässig starrer Theil der Erdoberfläche gewesen, wenig berührt von den Aeusserungen gebirgsbildender Kraft rund umher. Nur sanfte Senkung oder langsames Aufsteigen, resp. eine Art schaukelnder Bewegung um wechselnde Achsen, (N—S, O—W) liessen es vom Ozean bedeckt oder wieder von ihm verlassen werden. Auch auf der Grenze vom Alterthum und Mittelalter unserer Erde, im Perm, [1]) fand solch' ein langsames Versinken in die Wogen eines Weltmeers statt. Gen Osten fluthend, fand es seinen Weg durch ein alpenhohes Gebirge verlegt. Seine Wogen brandeten an den in der Kohlenzeit durch Faltung entstandenen Ural. Die völlig horizontale, ungestörte Anlagerung der Permschichten an das gefaltete ältere Gebirge lässt am ganzen West-Hang um Ufa (im Thal der Bjélaja), um Perm (im Thal der Kama), diesen Rückschluss auf carbonisches Alter des Ural zu. Vom Anprall der Wellen gegen das Gebirge erzählt die Art der Sedimentation. Konglomerate und Sandstein zu unterst, Mergel und Kalkstein zu oberst, beweisen, dass diese Schichten hervorgingen aus dem mannigfachen, groben und feinen, harten und weichen Detritus der brandenden Meereswoge, dass sie Ablagerungen von Trümmern und Erosionsschutt darstellen, welche in vor dem Gebirge liegenden Meerestheilen zum Niederschlag kamen. Bei wiederholtem Vordringen und Rückziehen des Ozeans blieben einzelne Meeresbecken stehen; in ihnen schlugen sich Gipse und Salze nieder, deren Abbau am West-Hang des Ural (z. B. im Kamagebiet) reichen Gewinn bringt.

Da, wo am West-Hang die Ablagerungen des Perm verschwinden, beginnt der Ural. Geologisch ist diese Grenze ungemein scharf, in der Landschaft völlig verwischt. Die letzten Aeusserungen faltender Kraft in den Vorhügeln der Uralketten, gehen unmerklich in die Erosionslandschaft des Perm über. Erst geologische Betrachtung lehrt, dass zunehmender Gebirgscharakter durch steil

[1]) Der Name nach dem russischen Gouvernement Perm, in welchem die Formation besonders typisch entwickelt ist.

gerichtete Schichten der Carbon-Formation bedingt wird. In ganz Russland haben sich während der Steinkohlenzeit vorwiegend unproduktive Meereskalke abgelagert. Sie führen, abweichend von der deutschen Steinkohlenformation, nur in der unteren Hälfte Kohlen. Die oberen Horizonte stehen durch massenhaftes Auftreten von Fusulinen (einer Foraminiferen-Familie) dem asiatischen Carbon näher, als dem europäischen. Im Moskauer Becken liegt solches Carbon mit abbauwürdigen Flözen völlig horizontal. Im Ural sehen wir das Carbon ebenso kalkig, aber stark gestört und aufgerichtet die äusserste, gefaltete Zone des Ural-Hanges bilden. Wo es verschwindet, beginnt das Devon.

Der Hauptantheil am Aufbau der westlichen Ketten des mittleren und südlichen Ural fällt unbedingt dieser Formation zu. Bereits früher war Gelegenheit zu erwähnen, dass mit der Annäherung gen Osten an den Ansatzpunkt der faltenden Kraft eine allmähliche Umwandlung der sandigen und thonigen Devon-Sedimente in Quarzit und schiefrige Gebilde stattfinden dürfte. Seitdem man die Glimmerquarzite und Glimmerschiefer des Urenga als devonisch glaubt erweisen zu können, muss bis zum asiatischen Ost-Abfall und noch darüber hinaus dem Devon bedeutungsvoller Antheil am Gebirgsaufbau zugeschrieben werden. Dies gilt nicht nur vom südlichen, sondern auch vom mittleren Gebirgstheil. Die zackigen Spitzen des Taganaí, die Schutthalden des Iremél, der Trümmer-Kegel der Alexandrówskaja Ssópka bestehen aus den Quarziten dieser Formation.

Erst auf asiatischer Seite, jenseits des steilen Ost-Abfalls ändert sich mit der Landschaft die geologische Struktur. Auf langer, nordsüdlicher Dislokationslinie sind eruptive Gesteine aufgestiegen: Miascite, Diabase, Diabastuffe, Porphyr, Granit, Syenit, Gabbro. Ihre Massen durchbrechen Gneisse, Phyllite und Glimmerschiefer, die in ihrer Schichtung stärker gefaltet und gepresst erscheinen, als die Sedimente auf dem West-Hang. Und dennoch treten diese intensiven Falten nicht in der Landschaft hervor. Sie sind der Untergrund einer Fläche. Nur wenige unterbrechen als niedrige Höhen die sibirische Ebene. Aus welchem Grund? Weil das hier einst alpenhoch ragende Gebirge hinweggeführt ist von einem der mächtigsten, zerstörenden Agentien unseres Erdballs, von der Abrasion durch einen vordringenden Ozean! Den Wogen des Tertiärmeeres, dessen Ablagerungen heute ihr Zerstörungswerk verhüllen, erlag hier der älteste Theil des Ural. Die kümmerlichen Reste seiner Achse kennen wir im Ilméngebirge und in dessen südlicher Fortsetzung. Als einzig merklichere Erhebungen überragen sie eine flache und ebene Landschaft, gleich unserem norddeutschen Flachland, aber ohne dessen charakteristische Bedeckung durch Glacialschutt. Spuren der Eiszeit kennt der Ural nur nördlich vom 61. Grad.

Man pflegt vom Ural zu sagen, seine Sonnenseite sei Asien, seine Schattenseite Europa zugekehrt. Man hat nicht Unrecht mit dieser Behauptung. Der ganze Erzreichthum des Gebirges, der Sonnenschein an ihn geknüpfter Kultur, die grössere Dichte menschlicher Siedelungen, der Segen eines ertragreichen Hüttenbetriebes konzentriren sich an seinem Ost-Hang, auf der von der Natur mit Reizen so ärmlich ausgestatteten asiatischen Abdachung.

Gold, das edelste der Nutzmetalle, wird am Ost-Hang des Ural auf primärer Lagerstätte im Gang und im Muttergestein, und auf sekundärer in Seifen abgebaut.

Die älteste, schon seit 1745 bekannte Goldlagerstätte liegt bei Beresowsk, 12 km nordöstlich von Jekátherinburg. Das Vorkommen gehört zum Typus der Goldlagerstätten in Gängen. Die meridional streichenden, fast senkrecht aufgerichteten Chlorit- und Talkschiefer des alten Grundgebirges werden von 2 bis 20, ja bis 40 m mächtigen Beresitgängen [1]) in N-S-Richtung durchbrochen. Senkrecht zur Richtung seiner Gänge durchsetzen ihn zahllose, 70 cm bis 1 m mächtig werdende Quarzgänge, welche das Gold, zumeist an Schwefelkies gebunden, enthalten. Der Goldgehalt beträgt im Mittel 13 gr pro Tonne, kann aber 25,30, ja 250 gr erreichen [2]). Das geförderte Rohmaterial wird in Pochwerken gestossen und mittelst des auch in Süd-Afrika üblichen Cyankali-Verfahrens aus seiner chemischen Verbindung mit dem Schwefelkies befreit.

Gleichfalls im Gangquarz erscheint das Gold im Bezirk von Tscheliábinsk, des augenblicklich östlichsten Punktes der sibirischen Uralbahn. Die Minen liegen 16—20 km südwestlich der Stadt, im Gebiet eines Granits, dessen Sprünge und Gangspalten mit goldhaltigem Quarz von ähnlichem mittleren Gehalt wie bei Beresowsk (10—13 gr pro Tonne) erfüllt sind. Die Mächtigkeit der Quarzadern steigt von 20 und 70 cm bis 1½ und 2 m [3]). In der Grube Iwanowskaja der Herren Wonliarliarsky & Co. wird in 60 m Tiefe ein 1,35 m mächtiger Quarzgang abgebaut, dessen Material zu Tage in Kollergängen zermalmt und durch den Patioprocess (Almagamirungsprocess) seines Gold-

[1]) Der Beresit ist eine feinkörnige Granitvarietät.

[2]) cf. Guide des excursions du VII. Congrès Géologique International V, p. 40; cf. daselbst auch Karte der Goldminen.

[3]) cf. Guide V, p. 30; cf. daselbst Karte der Minen.

gehaltes beraubt wird. Hier ist das Quarzgold nicht an Schwefelkies gebunden, also durch den einfachen Waschprocess vom Gestein zu scheiden. Der erst seit den letzten Jahren betriebene Abbau ähnelt dem alt berühmten, seit 1844 abgebauten Goldvorkommen bei Kotschkar, ebenfalls am asiatischen Ost-Hang, 80 km südwestlich von Mijass. Hier wird, was in geringerem Maasse auch in Beresowsk und Tscheliäbinsk der Fall ist, primäre und sekundäre Lagerstätte (i. e. Gang und Seife) abgebaut. Der Goldquarz füllt durch spätere Störung entstandene, zu der breiten nord-südlichen Granit-Zone senkrecht stehende Klüfte mit einem mittleren Goldgehalt von 5—13 gr pro Tonne. Der seit 1868 betriebene Abbau aus den anstehenden Gängen betrug bis 1897: 21 900 kg. Dazu kommen aus den schon seit 1844—1877 nebenbei betriebenen Wäschen im oberflächlichen Verwitterungsgrus: 25 160 kg, zusammen ca. 47 060 kg.[1])

Während das Vorkommen von Gold in massigem Muttergestein (Serpentin) bei Nishne Tagilsk und Kyschtym vor Allem ein geologisches Interesse beansprucht, hat das Vorkommen des Goldes in Seifen die grösste industrielle Bedeutung. Untersuchungen im Laboratorium haben stets ergeben, dass, abgesehen von dem auf Pochstempel und Kollergänge zurückzuführenden Eisengehalt des gepochten Ganggoldes das Gold der Seife chemisch reiner ist, als das Gold des Ganges. Dies, sowie das in Gängen nie, in Wäschen häufig beobachtete Vorkommen grösserer Goldklumpen[2]) wirft ein Streiflicht auf die Entstehungsgeschichte der Goldseifen. Neben einfacher Umlagerung des zerstörten Muttergesteins auf sekundäre Lagerstätte, muss ausserdem eine Lösung, Fällung und Konzentration unter Beihülfe des Wassers geschehen sein. Der Ort Mijass zeigt eine typische Lagerstätte dieser Art. Nähert man sich einer der dortigen Wäschen, so erblickt der Besucher eine weite Ebene (cf. Abb. 10), bedeckt mit Flussgeröll und den Zerstörungsprodukten des Grünsteins sowie der krystallinischen Talk- und Chloritschiefer. Das sind die Goldsande, welche hier den trockenen Thalweg eines alten Flusslaufes bezeichnen. Die im Mittel nur 70 cm mächtige goldführende Schicht, wird in einfachster Weise von Tage aus abgegraben. Ueberall sieht man ärmlich gekleidete und zerlumpte Baschkirenjungen den Sand in Karren schaufeln und der Wäsche zuführen. Das Waschhaus ist das einzige grössere Gebäude ringsum, das Knarren und Kreischen des

[1]) Angaben aus Guide des excursions du VII. Congrès Géologique International VI, p. 2. (cf. daselbst die Karte der Goldfelder.)

[2]) Im Museum der Bergingenieure zu St. Petersburg werden einige imposante Schaustücke aus Wäschen des Ural aufbewahrt.

Sandes in seiner Wasch-Trommel das charakteristische Zeichen seiner Nähe.

Bei allen Betrieben, auch denen, bei welchen das Gold aus dem zerstossenen (d. h. gepochten) Gangquarz gewonnen wird, ist das Auswaschen des Materials ein einfacher Prozess des Schlemmens auf stufenförmig über einander liegenden Waschherden. Um das durch seine Schwere beim Schlemmen auf dem Herde liegen bleibende Gold bequemer gewinnen zu können, setzt man dem Waschwasser Quecksilber zu und amalgamirt das Gold (Patioprocess). Durch kräftiges Erhitzen und Verdampfen des Quecksilbers wird später das Gold auf einfachste Weise aus der chemischen Verbindung befreit. Der Goldgehalt der Sande bei Mijass schwankt zwischen 0,6 und 0,8 gr [1]) pro Tonne. Da im Winter das zur Wäsche nöthige Wasser gefriert, wird nur im Sommer, d. h. ca. 160 Tage gearbeitet.

Zieht man zur uralischen Goldproduktion noch die weit ergiebigeren sibirischen Wäschen am Amur und Jennissei hinzu, so nimmt Russland die vierte Stelle in der Welt-Goldproduktion ein. Ueberflügelt wird es seit langem von den Vereinigten Staaten von Nord-Amerika und von Australien, seit 1891 auch von Afrika [2]).

Schwerer, mit Gold kaum aufzuwiegen, und ungemein werthvoll bei der riesigen Zunahme der chemischen Industrie ist das Platin. Seine Fundpunkte ausserhalb des Ural (in Brasilien, Borneo) sind praktisch ohne Interesse. Der Ural beherrscht als einzige industriell auszubeutende Platin-Fundstelle ohne Rivalen, den Markt. Wie das Gold, kommt auch das Platin auf sekundärer Lagerstätte vor. Die ergiebigsten Wäschen liegen südwestlich des erzgesegneten Nischne Tagilsk. Dort hat man auch in jüngster Zeit Serpentin und Olivingabbro als Muttergestein des geschätzten Metalles nachgewiesen.

»Eisernes Jahrhundert« ist das bezeichnende Epitheton unserer Zeit geworden. Mit gesteigertem Verkehr und wachsender Industrie hat Bedarf und Nachfrage nach Eisen sich so gemehrt, dass diese Bezeichnung keine Phrase blieb. Für den Wohlstand des Russischen Reiches und die Blüthe seiner Montanindustrie kann nichts förderlicher sein, als der Reichthum seines Ural an prächtigen Eisenerzen.

Der Kategorie sedimentärer Lagerstätten, ähnlich etwa den Lagerstätten in Silurkalken bei Eisenerz in Oesterreich oder den nordamerikanischen Vorkommnissen in laurentischen und huronischen Formationsgliedern, dürften die Vorkommen am europäischen West-

[1]) Angaben aus Guide V, p. 20.

[2]) cf. Neumayr, Erdgeschichte, II. Theil, 2. Aufl., 1896, pag. 600.

Hang zuzuzählen sein. So liegen z. B. bei Bakál, unweit der Hütte Ssátkinsk, zwischen den Parallelketten der Ssuléja und Ssúka, linsenförmig auskeilende Massen von Spatheisenstein ($Fe\,CO_3$) eingelagert zwischen devonischen Kalken, Dolomiten, Quarziten und Schiefern [1]). An ihrer Oberfläche haben die Tageswässer durch Umwandlung des Spatheisensteins in Brauneisenstein ($2Fe_2\,O_3 + 3H_2O$) den bekannten »eisernen Hut« gebildet. Der Abbau geschieht in Tagebauten, die Aufbereitung im Freien auf Holzrosten.

Weit wichtiger sind die mit Eruptivgesteinen innig verbundenen Magneteisensteinmassen der asiatischen Ost-Seite. Von Nord nach Süd sind es die Magneteisenberge des Katschkanár, Blagodát (= Bergsegen) bei Kuschwa und Wyssókaja Gorá (= hoher Berg) bei Nishne Tagílsk. In den beiden letzteren wechseln die Eisenmassen mit Granatfels, Epidot und Porphyren.

Die Frage nach Entstehung dieser Eisenmassen ist schwer zu beantworten. Bei der innigen Verbindung des Porphyrs mit dem Eisen dürfte wohl die Annahme einer lokalen, enormen Anreicherung des in allen Eruptivgesteinen in kleineren Mengen vorhandenen Magnetits, das Auftreten der Magneteisenmassen im eruptiven Gestein am ungezwungendsten erklären. Am Blagodát und Wyssókaja Gorá wird das Erz in grossen Tagebauten, geradezu »steinbruchartig« gewonnen (cf. Abb. 11). Der Abbau hat den 347 m hohen Berg Blagodát von der Ost-Seite her bereits halb abgetragen. Auf seinem Gipfel steht auf einem, von der Hacke des Bergmanns verschonten Magneteisenberg eine kleine Kapelle, sowie das gusseiserne Denkmal des Wogulen *Tschumpin*, welch' letzterer den Russen das Vorhandensein des Eisens verrathen haben und dafür von seinen erbosten Landsleuten auf der Höhe des Eisenberges verbrannt sein soll. Die Krone ist Besitzerin des Blagodát. In der Geschützgiesserei von Perm wird sein Eisen zu trefflichen Stahlgeschossen und Kanonen verarbeitet.

Nach Hochstetter[2]) wurde der Erzreichthum 1874 auf 1000 Millionen Pud (1 Pud = 16,38 kg) 50—70 % Erze geschätzt, von denen jährlich 3 Millionen Pud gewonnen wurden.

Derselbe Autor giebt den Reichthum des zweiten Magneteisenberges, der Wyssókaja Gorá bei Níshne Tagílsk, auf 20 bis 30 000 Millionen Pud 66 % Erze an, von denen jährlich ca. 8 Millionen Pud im Tagebau gewonnen werden. Das Pud Erz kostet nach ihm 4/5 Kopeken (1 Kop. = 2,16 Pfennig). An die Wyssókaja Gorá knüpft sich insofern ein besonderes Interesse, als dieser Berg in der

[1]) cf. Karte und Profil im Guide III, p. 30 u. 31.

[2]) Mitth. der Wiener Geogr. Ges. 1873. p. 150.

Geschichte des Uralbergbaus eine historische Rolle spielt. 1702 erhielt ihn der Schmied in der Tulaer Gewehrfabrik, *Nikíta Démidow*, zu Erb und Eigenthum. Er wurde damit zum Stammvater jenes Geschlechtes, welches einen geradezu märchenhaften Reichthum durch den Abbau des Eisenberges und durch Hebung der übrigen Erzschätze des Distrikts von Níshne Tagílsk aufhäuften. Von der Wohlhabenheit der Besitzer ist auch ein gut Theil dem Lande zugefallen. Man merkt an der Sauberkeit der schmucken Holzhäuser Tagílsk's, den lehrreichen Sammlungen seines Museums, dem in dieser Wildniss doppelt unerwarteten Bau seines Theaters, den zufriedenen Mienen seiner Bewohner, dass hier unter der verständigen Fürsorge eines reichen Fürstengeschlechtes eine Kulturoase entstand, deren direkte Ursache der Bergbau der Wyssókaja Gorá ist.

Die Ausnützung dieser reichen Magneteisenberge leidet im Ural unter dem Mangel an naher Steinkohle, denn selbst der dichte Wald des Ural kann ihn nicht ersetzen. Auf der ganzen Erde ist die Blüthe der Eisenindustrie abhängig von der Möglichkeit der Verhüttung mit Kohle. Sie fehlt dem Uralbergbau und drängt Russland trotz Blagodát und Wyssókaja Gorá auf dem Weltmarkt hinter manches erzärmere aber kohlenreichere Land zurück. 1890 stand Russland hinsichtlich der Produktion an Roheisen erst an siebenter Stelle, weit hinter Nord-Amerika, England und Deutschland. Nach dem jetzt vollendeten Bau der Uralbahn ist die Möglichkeit der Herbeischaffung von Kohlen und die leichtere Abfuhr der Hüttenprodukte erreicht. Die Hebung der uralischen Eisenindustrie wird im Anschluss daran nicht auf sich warten lassen.

Wir können Níshne Tagílsk nicht verlassen, ohne kurz der Kupfererze im Hügel Mednorudiánsk zu gedenken. Er liefert neben den vornehmlich am europäischen West-Hang abgebauten Sandsteinen der Permformation, Kupferkiese, Kupferlasur und Malachit als geschätzte Rohmaterialien. Ogleich Malachit-Blöcke von der Grösse der im Museum der Bergingenieure zu St. Petersburg angestaunten Prunkstücke kaum mehr gefunden werden, gehört der Malachit dennoch zu den wegen Farbe und Politurfähigkeit hochgeschätzten Schmucksteinen. Er soll im Rohzustand pro Pfund mit 2—3 Rubel (4—6 ℳ), bei tadellosen Stücken mit 6—8 Rubel bezahlt werden. Gleichfalls beträchtliche Mengen von Kupfererzen liefern die im nördlichen Ural gelegenen Bergwerke bei Bogoslówsk und Níschne-Turínsk.

Das Centrum dieses gesammten uralischen Bergwerksgebietes und Sitz der Generaldirektion aller Minen und Hüttenwerke des Ural ist die Stadt Jekátherinburg. Ihr Name ist eng verknüpft mit dem im Ural besonders kunstvoll geübten Handwerk des Steinschliffs, zu welchem der Reichthum des Gebirges an edlen Steinen das Rohmaterial in Fülle bietet. Ebenso wie die Erze pflegen die Edelmineralien in ihrem Auftreten an eruptive Gesteine gebunden zu sein. Den auf Anregung *Alex. von Humboldt's* im Ural eifrig gesuchten härtesten der Edelsteine, den Diamanten, fand man zwar in wenigen kleinen Exemplaren in der Goldseife von Bissersk, allein es blieb beim wissenschaftlich interessanten Fund. Industrielle Folgen hatte seine Auffindung nicht, wohl aber die Ausbeutung der im Kontakt der Diorite mit devonischen Thonschiefern und Kalken gebildeten Mineralien der Umgegend von Slatoúst sowie die Gewinnung der in typischem Ganggranit ausgeschiedenen prächtigen Mineralien des Ilméngebirges. Die Prachtstücke unserer Museen an Rubinen (rother Korund), Saphiren (blauer Korund), Topas, Beryll, Zirkon, Granat, Turmalin, Opal etc. entstammen dem Ural. In St. Petersburg kann man einen Zirkon von 3,58 kg, einen Biotitglimmer von 62,67 kg und einen Topas von 153 gr aus den Gruben (Schürfen) des Ilméngebirges bewundern. Die herrlich polirten Rhodonitvasen, die mit Lapis Lazuli (Lasurstein) furnirten Tischplatten der Petersburger Eremitage und der russischen Kaiserschlösser entstammen den Brüchen des Ural.

Unmittelbare Folge der Erkenntniss des grossen Erzreichthums im Ural, musste einst der Wunsch schneller Besiedelung sein. Man brauchte Arbeitskräfte über die man unbedingt verfügen konnte, welche die Schätze heben halfen, die noch ungenutzt im Gebirge ruhten. Das System der Leibeigenschaft erleichterte dies Bestreben, und aus allen Theilen Russlands wurden Kolonisten als Bergarbeiter dem Ural zugeführt. So besiedelten die *Démidows* in Kürze ihre ausgedehnten Hüttendistrikte, und bald drängte der russische Bauer den türkisch-redenden Baschkiren (cf. Abb. 12) und Tataren aus den Wäldern seiner Heimath. Das rothe Hemd, die Sammetkniehosen, die hohen Stiefeln, die breitschildige Mütze (cf. Abb. 13 und 14) verdrängte die heimische Felltracht. Um die Minen konzentrirte sich regstes Leben; Bergbeamte, vorgebildet in Russlands Hauptstädten, brachten höhere Kultur und Gesittung in's Land. Das russische Blockhaus trat an die Stelle der Kirgisen-Jurte (cf. Abb. 15 und 16) und um die Hüttenwerke entstanden die uralischen Dörfer und Städte.

Das Hauptcharakteristikum solcher uralischen Siedelung liegt in der Bauart ihrer Häuser. Wald bedeckt in dichtem Bestand den grössten Theil des Gebirges. Das Holz seiner Bäume ist das gegebene Material zu billigem und zweckentsprechendem Häuserbau. Demnach ist das uralische Wohnhaus naturgemäss ein Blockhaus. Es ist genau so und aus demselben Material gebaut, wie es der jetzt im Ural angesiedelte Russe früher in seiner Heimath im mittleren oder nördlichen Russland zu bauen gewohnt war. Der runde Stamm, so wie er gewachsen, wird seiner Rinde entkleidet und nach dem gewünschten Grundriss, an Stelle der bei uns üblichen Ziegelsteine, auf einander geschichtet. Die Stelle des Cementes vertreten Polster von Moos, welche alle Spalten verstopfen und vor Kälte schützen. Die Ungunst des Winters erfordert einen guten Ofen im Mittelpunkt der Hausanlage. Nicht seltene Zuschrägung des Daches von Lang- und Breitseite verleiht dem Bau ein ungewohntes Aussehen. Indessen ist die gewöhnliche Giebeldachform unserer Bauernhäuser ebenso häufig (cf. beides auf Abb. 17). Nirgends fehlt ein im Verhältniss zum Hause auffallend grosses, meist mehrflügeliges Hofthor (cf. Abb. 18). Sind Verzierungen an der Façade des Hauses angebracht, so konzentriren sie sich auf diesen Thorbau und nächst ihm auf die Holzschnitzereien an den Fensterumrahmungen. Der grössere Reichthum dieser Ornamente steht meist im Verhältniss zur Wohlhabenheit des Besitzers. Den Hofraum des Hauses umrahmen Wagenremise und Stallung für Pferd und Vieh. Die meisten uralischen Bauernhäuser haben nur ein fast zu ebener Erde liegendes Stockwerk. Auf der sibirischen Seite, z. B. bei Tscheliábinsk, (cf. Abb. 19) verschwindet sogar dieses häufig halb in der Erde, sodass lediglich das Dach über den Boden herausragt. Mehrstöckige Häuser sind seltener, zumeist nur in den grossen Städten zu finden, wie Jekátherinburg, Slatoúst etc. In ihnen ist ausser den Gebäuden der Hütte, noch manches Privathaus aus Stein erbaut; sonst kommen in Dörfern und kleinen Städten Ziegel nur bei der Façade der Kirche in Betracht. In hohem, bizarren Bau ragt ihr Thurm weit auf über das niedrige Häusermeer des Dorfes. Das Weiss ihrer Mauern steht in demselben scharfen Kontrast zu den dunklen Farbentönen der mit der Zeit sich tiefschwarz färbenden Blockhäuser, wie die geringe vertikale Erhebung des einzelnen Gebäudes zu der erstaunlichen Ausbreitung der Siedelung in die Horizontale. Schon die Sicherung vor Feuersgefahr legt breitere Anlage der Strassen nahe. Eine Feuersbrunst auf der einen Häuserreihe wird kaum auf die der anderen überspringen können. Diese Breitspurigkeit (cf. Abb. 20) der Strassen fällt dem Besucher vor allem auf dem steppenhaften Ost-Hang auf und gleicht dort völlig den typischen Steppen-Dorfstrassen des mittleren Russland. Diese Breite der Siedelungsanlagen, diese vorherrschende

Ausdehnung in der Horizontalen, giebt nicht selten dem Ganzen etwas Oedes. Die Bevölkerung vermag die Weite der Strassen nicht zu beleben. Menschenleer liegen sie vor dem Beschauer. Trübt Regen obendrein die Luft und spiegeln sich schwere Wolken in der tintenschwarzen Fläche des Hüttenteichs, so kann das Bild einer Uralsiedelung etwas ungemein Melancholisches haben.

Regeres Leben herrscht überall dort, wo der Kaufmann seinen Kramladen aufgeschlagen hat, im »Bazar«. Jede russische Stadt, jedes Dorf im Ural hat eine Stätte, wo Bude an Bude sich drängt, wo in offener Auslage, auf Bänken und Tischen der Kaufmann seinen Waarenreichthum vor dem Käufer ausbreitet. Jeder Kaufmann hat im Bazar seinen Stand; nur selten treibt er im eigenen Wohnhaus sein Geschäft. Im Bazar pulsirt das Leben einer Siedelung am kräftigsten, hier findet man die buntesten Bilder, die mannigfachsten Trachten. Befiehlt man einem Istwóschtschik (Droschkenkutscher) im fremden Ort: »Zum Bazar!«, so kann man sicher sein, in's Centrum der Stadt, in die Nähe der grössten Gebäude und der Kirche zu kommen, überhaupt das Sehenswertheste zu sehen.

In jeder uralischen Stadt, in jedem Dorf wird man die Mehrzahl der angeführten Charakteristika auffinden können. Sie kehren mit wenig Variationen überall wieder und sind der Grund der geringen Abwechselung, welche durch den Besuch einer grösseren Zahl von Siedelungen im Ural geboten werden kann.

Nicht gerade dicht gedrängt sitzt im Ural die Bevölkerung. Grosse Entfernungen trennen die einzelnen Ortschaften. Die dicht bewaldeten, langgestreckten, im südlichen Theil von Sümpfen begleiteten Höhenrücken sind zwar niedrig aber trotzdem verkehrshemmend.

Die Eiche, in den Laubwäldern des mittleren Russland Charakterbaum, überschreitet den Ural nicht. Die im nördlichen Russland bis zur Baumgrenze herrschenden Nadelholzwälder walten in ihm vor. Zu den uns bekannten Typen: Fichte, Tanne, Lärche, Kiefer treten auf der sibirischen Seite die Pichta-Tanne (Pinus Pichta) und die Cembra-Kiefer (P. Cembra). Dem Laubholz gegenüber ist der Ural wählerisch. Er bildet eine Vegetations- und Klimascheide. Nur Birke, Eberesche und Pappel gestattet er den Uebergang. Unter diesen Bäumen ist die Birke hochstämmig in dichten Wäldern, oder niedrig, mehr busch- oder strauchförmig, ein Typus in der Landschaft des asiatischen Ost-Abhanges.

An von Menschenhand unberührten Stellen steht im südlichen Ural der Wald thatsächlich so dicht, dass dieser ein Vordringen zu Pferd oder zu Wagen ernstlich zu hindern vermag. Der Wald erhöht in solchem Falle nicht gerade die Annehmlichkeiten, welche mit einer Fahrt im landesüblichen Gefährt, dem Korbwagen, verbunden sind. Diese Wagenart, Pletuschka genannt (= geflochtener Korb) (cf. Abb. 22), gehört in die Gattung des vielgestaltigen Tarantáss (Reisewagen). Federlos ruht der kleine geflochtene Wagenkorb, auf dessen platten heubeschütteten Boden man unmittelbar sitzt, auf elastischen Stangen, welche Vorder- und Hinterräder mit einander verbinden. Uralische Waldwege in diesem Vehikel passiren zu müssen, ist qualvoll! Die meisten Wege sind in stark ausgefahrenem Zustande. Grosse Quarzitblöcke versperren den Weg, mächtige Wasserlachen stehen in den Wagenspuren. Selbst grosse Landstrassen, wie die zwischen Ssátkin und Ssuléja, sind in fragwürdigem Zustande. Ihre Beschotterung besteht meist aus den harten, in der Nähe zerfallenen und in diesem Naturzustand ohne Weiteres aufgeschütteten, kantigen Quarziten. Nur wo unweit anstehende Schiefer zur Schotterung benutzt werden, sind ebenere Strassen die Folge. Wer in sausendem Galopp von 3 Pferden über solche Wege gezogen wurde, hat eine Erinnerung für's Leben! Und doch sind diese Wege nicht nur für den Verkehr der Menschen unter einander, sondern vor allem auch für die Abfuhr der Hüttenprodukte aus den entlegenen Hütten, an die Flüsse respektive an die Eisenbahn, von grossem Werth. Nur wenn man bedenkt, dass die Hauptabfuhr erst im Winter auf Schlitten stattfindet, wo der Schnee die Löcher des Weges einebnet, kann man verstehen, dass auf ihnen der schwere Eisentransport denkbar ist. Hat der Schlitten den nächsten grösseren Fluss erreicht, so wird mit den schwellenden Frühlingswassern das Material auf Barken [1]) verladen und stromab der Kama und Wolga zugeführt. Die Wasserkraft wird zu diesem Zweck bei allen Hüttenwerken durch Aufstau angesammelt (cf. Abb. 23).

Jetzt hat sich durch Anlage der Uralbahn manches verändert. Die alte Verkehrsstrasse für den Transitverkehr nach Sibirien, von Perm nach Jekátherinburg ist in einen Schienenweg verwandelt worden, welcher die hauptsächlichsten Bergwerksstädte des mittleren Ural berührt und weiter über Tscheliábinsk, Mijass, Slatoúst, Ufa nach Samára führend, die Minendistrikte direkt mit dem europäischen Westen verbindet. Ihre Anlage war eine Nothwendigkeit! Sie wird dem wichtigen Bergbau des Ural von noch grösserem Nutzen sein, wenn der im Bau begriffene Schienenstrang der sibirischen Eisenbahn dem Verkehr übergeben sein wird. Erst dann wird man völlig die

[1]) Die Barken werden bei den Hüttenwerken gebaut (cf. Abb. 23).

Bedeutung des Ural als einer Kulturoase auf halbem Wege zwischen St. Petersburg und Wladiwostok zu würdigen lernen.

Die wichtigste Litteratur über den Ural, speciell seinen mittleren und südlichen Theil, in chronologischer Reihenfolge.

A. Bücher.

1776—78. *Pallas, Pet. Sim.*, Reisen durch verschiedene Provinzen des russischen Reichs 1768—74. Frankfurt und Leipzig 1776—78.

1789. *Hermann*, Ritter *Bdkt. Frz. Th. von*, Versuch einer mineralogischen Beschreibung des uralischen Erzgebirges. 2 Bde. Berlin und Stettin 1789.

1826. *Erdmann*, Dr. *Joh. Friedr.*, Beiträge zur Kenntniss des Inneren von Russland. 3 Bde. Für den Ural wichtig nur: 2 Bd., 2. Theil. Leipzig 1826.

1831. *Hofmann* und *von Helmersen*, Geognostische Untersuchung des Süd-Ural-Gebirges, ausgeführt in den Jahren 1828 und 1829. Mit Karten und Profilzeichnungen. Berlin, Posen und Bromberg 1831.

1833—35. *Helmersen, G. von*, Reise nach dem Ural und der Kirgisensteppe in den Jahren 1833—35. 2 Theile. 4 Karten und Profile. Aus: *Baer* und *v. Helmersen:* Beitr. zur Kenntniss des russ. Reichs.

1837. *Helmersen G. von*, Ueber den Ural und Altai. Bull. scient. publié par l'Académie Impériale des Sciences de St. Pétersbourg. 1837 2. Bd. p. 97—112.

1837. *Rose, Gustav*, Mineralogisch-geognostische Reise nach dem Ural, dem Altai und dem Kaspischen Meere. 2 Bde. Berlin 1837 und 1842.

1845. *Murchison, Verneuil* und *von Keyserling*, The Geology of Russia in Europe and the Ural Mountains. 2 Bde. 1845.

1848. *Schrenck, Alex. Gust.*, Reise nach dem Nordosten des europäischen Russland, durch die Tundren der Samojeden zum arktischen Uralgebirge, ausgeführt im Jahre 1837. Dorpat 1848.

1849. *Schrenck, Alex. Gust.*, Orographisch-geognostische Uebersicht des Uralgebirges im hohen Norden. Dorpat 1849.

1848—49. *Hofmann, E.*, Kurze allgemeine Uebersicht des Ural-Gebirges. Verhandlungen der Kais. Russ. Mineralogischen Ges. zu St. Petersburg. Jahrgang 1848 und 1849, p. 23—43.

1851. *Zerrenner*, Dr. *Carl*, Erdkunde des Gouvernement Perm. Leipzig 1851.

1858. *Hofmann*, Dr. *Ernst*, Ein Profil des Uralgebirges. Zeitschrift für allgemeine Erdkunde, herausgegeben von Dr. *Neumann*. V. Bd. p. 8—11. Berlin 1858.

1862. *Ludwig, Rudolf*, Geogenische und geognostische Studien auf einer Reise durch Russland und den Ural. Darmstadt 1862.

1871. *Ritter von Tunner*, Russlands Montan-Industrie, insbesondere dessen Eisenwesen. Leipzig 1871.

1873. *Hochstetter*, Dr. *Ferd. von*, Ueber den Ural. Vortrag, gehalten 1873 im naturw. Verein zu Wien.

1873. *Hochstetter*, Dr. *Ferd. von*, Die Verkehrsverhältnisse am Ural und die uralische Eisenbahn. Mitth. der Geogr. Ges. in Wien 1873. Bd. VI.

1885. *Tschernyschéw*, Fauna nishnjago dewona sapadnago ssklona Urala. (Ss. 9 tablizami). (= Fauna des Unter-Devon des westl. Ural-Hanges. Mit 9 Tafeln). Trudi geologitschesskago komiteta III No. 1. 1885. (= Arbeiten des geologischen Komités).

1886. *Nikitin, S.*, Die Grenzen der Gletscherspuren in Russland und dem Uralgebirge. Peterm. Mitth. IX, 1886, p. 257—270.

1886. Erklärungen zu Blatt 139 der geologischen Karte von Russland.

1. *Karpinsskij* i *Tschernyschéw*, Orografitschesskij otscherk (= Orographische Skizze).
2. *Tillo*, Abssoljutnyja wyssoty w jushnom Uralje (= Absolute Höhen im südlichen Ural).
3. *Karpinsskij* i *Tschernyschéw*, Objassnitelnyja samjetschanija w kartje (= Erläuterung der Karte).

Trudi (= Arbeiten) des geolog. Kom. III. No. 2.

1887. *Tschernyschéw*, Fauna ssrednago i werchnago Dewona sapadnago ssklona Urala (Ss 14 tablitzami.) (= Fauna des mittleren und oberen Devon des West-Hanges des Ural. Mit 14 Tafeln). Trudi (= Arbeiten) des geologischen Kom., III. No. 3. 1887.

1889. *Tschernyschéw*, Opissanie zentralnoj tschassti Urala i sapadnago jego ssklona, na ossnowanii nabljudenii *W. Mellera, A. Krassnopolsskago* i *Th. Tschernyschewa*. (= Beschreibung des zentralen Theiles des Ural und seines West-Hanges auf Grund der Untersuchungen von Möller, Krassnopolsskij und Tschernyschéw. Trudi (= Arbeiten) des geologischen Komités, III. No. 4, 1889.

1890. *Schtukenberg*, Geologitschesskija issljedowanija ssjewero sapadnoj tschassti oblassti 138 lista w basseinach rr. Tschussowoj, Bisserti i Ufy. (= *Stukenberg*, Geologische Untersuchungen im Nordwesten des Blattes 138, in den Becken der Flüsse Tschussowaja, Bisserta und Ufa). Trudi (= Arbeiten) des geologischen Kom., IV. No. 2, 1890.

1897. Guide des excursions du VII. Congrès Géologique International. Avec 39 planches, nombreuses figures, cartes locales et une carte géologique de la Russie d'Europe. 1 : 6 300 000. St. Pétersbourg. 1897.

B. Topographische Karten.

Sstrjelbitzkij, Sspezialnaja karta Ewropeisskoj Rossii. Isdanie wojennago topografitschesskago otdjela Glawnago Schtaba. 1 djum: 10 werst. (*Strelbitzkij*, Specialkarte des europäischen Russland. Ausgabe der kriegstopographischen Abtheilung des Generalstabes. 1 : 420 000). Für vorliegende Arbeit kommen in Betracht die Sectionen 126—130, 137—141.

1889. Uebersichtskarte des Süd-Ural. 1 : 3 700 000. Carton auf Blatt 48 von Stieler's Hand-Atlas. (Aus: A. Petermann's Ost-Europa in 6 Blättern. 1 : 3 700 000.)

C. Geologische Karten.

1885. Obschtschaja geologitschesskaja karta ewropeisskoj Rossii isdawajemaja geologitschesskim komitetom. List 139 : Slatoúst, Tschelijabá, Werchneuralsk. Ssosstawili, *A. Karpinsskij*, *Th. Tschernyschéw*, *J. Muschketow* i *A. Krassnopolsskij*. 1 : 420 000. (= Allgemeine geologische Karte des europäischen Russland, herausgegeben vom geologischen Komité. Blatt 139: Slatoúst, Tschelijabá, Werchneuralsk. Zusammengestellt von *A. Karpinskij*, *Th. Tschernyschéw*, *J. Muschketow* und *A. Krassnopolsskij*).

1892. Geologitschesskaja karta Ewropeisskoj Rossii isdannaja geologitschesskim komitetom. 1 djum : 60 werst. (= Geologische Karte des europäischen Russland, herausgegeben vom geologischen Komité. 1 : 60 Werst). Uebersichtskarte in Wandkartenformat.

1897. Carte Géologique le long du chemin de fer de l'Oural entre les stations Ekathérinebourg et Tioplaïa—Gora. Aus: Guide des excursions du VII. Congrès Géologique International IX. Pl. A.

No. 1. Gipfel der Alexandrówsskaja Ssópka (Alexander-Spitze).

Hamburg, L. Friederichsen & Co. Phot. v. M. Friederichsen.

No. 2. Panorama vom Gipfel der Alexandrówsskaja Ssópka gen Westen.

Hamburg. L. Friederichsen & Co. Phot. v. Arssentjew.

No. 3. Mittlerer Taganaí. Ansicht von Westen.

Hamburg, L. Friederichsen & Co. Phot. v. Arssentjew.

No. 4. Quarzitklippen auf dem Gipfel des Grossen Taganaí.

No. 5 Slatoust.

Hamburg, L. Friederichsen & Co. Phot. v. M. Friederichsen.

No. 8. Blick in die Sibirische Ebene vom Ost-Abhang des Ural.

Hamburg, L. Friederichsen & Co. Phot. v. Arssentjew.

No. 6. Flussschleifen des Ssim zwischen Ssimsskaja und Minjar.

Hamburg, L. Friederichsen & Co. Phot. v. Arssentjew.

No. 7. Thal des Flusses Juresán (nahe Ust-Katáw).

No. 9. See Tawatúi, nordwestlich von Jekátherinburg.

Hamburg. L. Friederichsen & Co. Phot. v. M. Friederichsen.

No. 10. Abbau der Goldsande bei Mijass.

No. 11. Tagebau am Magneteisenberg Wyssókaja Gorá bei Nishne Tagilsk.

Hamburg, L. Friederichsen & Co. Phot. v. M. Friederichsen.

No. 12. Tataren im Steinbruch von Schafranowo (nahe Ufa).

No. 13 **Einwohner von Kussa** (Süd-Ural).

Hamburg, L. Friederichsen & Co. Phot. v. M. Friederichsen.

No. 14. Arbeiter der Goldwäsche v. Wonliarliarsky & Co. bei Tscheliábinsk (Sibirien).

No. 15. Kirgisen-Jurte (-Kibitke) bei Jekátherinburg.

Hamburg, L. Friederichsen & Co. Phot. v. M. Friederichsen.

No. 16. Sommerzelt der Kirgisen bei Jekátherinburg.

No. 17. Kussa am Ai.

Hamburg, L. Friederichsen & Co. Phot. v. M. Friederichsen.

No. 18. Blockhaus in Nishne Tagilsk.

No. 19. Erdhütten bei Tscheliábinsk.

Hamburg, L. Friederichsen & Co. Phot. v. M. Friederichsen.

No. 20. Strasse in Nishne Tagilsk.

No. 21. Waldwächter; Landgendarm (Urjádnik).

Hamburg, L. Friederichsen & Co. Phot. v. M. Friederichsen.

No 22. Reisewagen (Pletúschka) im Ural.

Hamburg. L. Friederichsen & Co. Phot. v. Arsssutjew.

No. 23. Hüttenwerk Ust-Katáw.

FSC
www.fsc.org
MIX
Papier | Fördert
gute Waldnutzung
FSC® C083411

Zeitfracht Medien GmbH
Ferdinand-Jühlke-Straße 7
99095 Erfurt, Deutschland
produktsicherheit@kolibri360.de